BERECHNUNG DER GLEICH- UND WECHSEL-STROMNETZE

VON

ING. KARL MUTTERSBACH

DOZENT AM TECHNIKUM
STERNBERG I. MECKLENBURG

MIT 88 ABBILDUNGEN

MÜNCHEN UND BERLIN 1925
DRUCK UND VERLAG R. OLDENBOURG

www.ingramcontent.com/pod-product-compliance
Lightning Source LLC
Chambersburg PA
CBHW080932240326
41458CB00142B/5963